A WHOLE BUNCH OF VALUES by Jennifer Moore-Mallinos and illustrated by Julia Seal
© Copyright GEMSER PUBLICATIONS S.L., 2020
C/ Castell, 38; Teià (08329) Barcelona, Spain (World Rights)
Tel: 93 540 13 53
E-mail: merce@mercedesros.com
Website: www.gemserpublications.com
Author: Jennifer Moore-Mallinos
Illustrator: Julia Seal

This edition arranged with Gemser Publications, S.L.
through BIG APPLE AGENCY, INC., LABUAN, MALAYSIA.
Traditional Chinese edition copyright: 2024 GOTOP INFORMATION INC.
All rights reserved.

孩子最棒的 內在力

擁有 45 個正向好品格

文／珍妮佛・莫爾・瑪麗諾斯　圖／茱莉亞・西爾

- 無私付出 4
- 細心 7
- 小心 9
- 慈善 10
- 整潔 13
- 同情心 15
- 信任 16
- 勇氣 19
- 好奇心 20
- 投入 22
- 同理心 24
- 熱忱 26
- 自由自在 28
- 友情 30
- 慷慨 33
- 善良 34
- 感恩 36
- 快樂 38
- 努力 40
- 誠實 42
- 謙遜 45
- 溫柔 46

- 愛意 48
- 適度 50
- 動機 52
- 敞開心胸 55
- 樂觀 56
- 組織力 58
- 熱情 60
- 耐心 62
- 恬靜 64
- 恆心 66
- 尊敬 69
- 責任 71

- 滿足 72
- 體貼 74
- 寧靜 76
- 分享 78
- 安靜 81
- 簡單 83
- 值得信賴 85
- 永續性 86
- 團隊合作 89
- 感謝 90
- 包容 92
- 內在力 94

無私付出

我和哥哥每個星期都會到動物收容所當志工。我們幫忙照顧這些動物，餵牠們喝水，陪牠們玩、替牠們刷毛；最重要的是，給牠們許多擁抱和觸摸。我們付出時間照顧流浪狗，**不求任何回報**，這不只是為了做好事，也是我們表達關懷的方式。

你願意為了別人而無私付出嗎？

細心

每次奶奶來我們家，我都會盡力讓她覺得舒適。首先，我會確認她會不會冷，如果會，我就會拿毛毯和絨毛拖鞋給她。奶奶也很喜歡我為她泡的茶。奶奶總是說我既貼心又善良。對我來說，**讓奶奶感到溫暖和舒適才是我想做的事**。

你也有想要照顧的人嗎？

小心

大家都知道，過馬路前要注意左右來車。睜大眼睛、豎起耳朵，小心留意來往的車輛，能確保我們的安全。牽著大人的手也是一種讓我們遠離危險的方法。過馬路時，保持謹慎是很重要的！

你會用什麼方法來小心保護自己呢？

慈善

每年到了假期時節,我的學校都會舉辦慈善活動,向所有家庭收集罐頭食品。我們的目標是把學校前面的愛心物資箱裝滿。裝滿後,我們就會把食物送到附近的收容所,幫助有需要的人。

你還能想到哪些可以幫助有需要的人的慈善行為嗎？

整潔

你覺得保持房間乾淨和整潔很困難嗎？我也這麼覺得！把衣服收進抽屜、把床鋪好、把玩具收拾乾淨，要完成這些可得費一番工夫！但是我可以肯定的說，每次把房間打掃得乾乾淨淨，把東西排列得整整齊齊時，會感覺房間更溫馨、更舒適喔！

你會怎樣保持房間整潔呢？

同情心

　　有一天晚上，我和家人在餐廳吃完飯後在街上散步。我們在人行道上遇到一位流浪漢，他舉著牌子乞討金錢。**我很傷心，因為他沒有家可以住，也沒有東西可以吃**。當時我身上一毛錢都沒有，於是我問他要不要我們剩下的餐盒，他微笑接受了。展現對別人的關懷就是富有同情心。

你曾經同情過別人嗎？

信任

　　我的小狗塔克知道我會每天帶牠去散步，還會為牠準備食物和水。塔克相信我會照顧牠，給予牠滿滿的愛。我就像塔克一樣，也確信父母會一直在身旁支持我。相信他人是一種美好的感覺。

　　當你需要的時候，你相信誰會一直陪伴在你身邊呢？

勇氣

你做過讓你感到害怕、但因為這麼做是對的，所以你還是勇敢去做的事情嗎？我曾經鼓起勇氣對抗校園霸凌。面對那個孩子確實需要勇氣，但是為了我朋友我必須這麼做，而且我成功了，他不再霸凌我朋友了。**做正確的事有時候會讓人害怕**，所以，請深呼吸，然後盡你所能去做吧！

你曾經鼓起勇氣完成一件事嗎？

好奇心

第一次帶我的小狗梅菲出門時，牠對探索這個世界感到無比興奮。所以，當牠發現地上有個洞時，就決定要一探究竟。充滿好奇心的梅菲把頭伸進洞中，想看看洞裡有什麼祕密。

牠的好奇心有了回報，就在我們不注意的時候，一隻花栗鼠從洞裡衝了出來。我笑翻了！

你還記得你對新事物感到無比好奇的時候嗎？

投入

　　身為游泳隊的一分子，我的任務就是參加所有訓練，並且**每次都全力以赴**。我的每位隊友都非常投入，我們彼此承諾會為了游泳冠軍賽而拚盡全力。你猜猜後來怎麼了？我們的努力和付出得到回報，我們得到冠軍了！

有什麼事情會讓你享受並投入其中呢？

同理心

所謂「設身處地」,是指嘗試去了解別人經歷的事情、體會他們的感受,特別是你也曾有過類似經驗的時候。當我的好朋友的小狗生病時,我知道她既害怕又傷心,因為我的倉鼠生病的時候,我也有這種感受,所以我懂她的心情。理解別人的心情就是同理心的表現。

你有將心比心、設身處地了解別人的感受過嗎?

熱忱

　　有沒有一件事是你非常喜愛、做起來會感到無比快樂並充滿活力呢？我有喔！每次去主題樂園我都非常興奮，迫不及待的想玩更多的遊樂設施。我全身充滿活力，甚至連翻轉的雲霄飛車都想嘗試，實在太好玩了！光想到就會笑！

有什麼事情能讓你充滿熱情和活力呢？

自由自在

　　自從爸爸在院子搭建柵欄後,妹妹和我們的小狗都感到前所未有的自在。我們可以在後院裡隨意漫步、踢球和追逐,不用擔心球會滾到街上,沒有比這更棒的事情了。多麼有趣啊!

有沒有一個你喜歡的地方,能讓你自由自在的奔跑呢?

友情

在你的生命中，有沒有一個你特別關心的人？我有！除了住在這條街上的奧莉維亞是我的好朋友之外，我的小狗巴斯達也是我的朋友。成為朋友表示彼此喜歡花時間一起做些有趣的事！無論是和奧莉維亞一起看電影，或是跟巴斯達玩接球，我都非常享受我們在一起的時光。

你最想跟朋友一起做些什麼事呢？

慷慨

你曾經把東西送給不認識的人嗎？去年，我們聽說有一個剛建立沒多久的家園被暴風雨摧毀了，我們決定伸出援手。我們收集了食物、瓶裝水和衣服送給他們。盡我們所能去幫助這個家庭，讓大家都感到很快樂。

你做過什麼對別人慷慨大方的事嗎？

善良

當你傷心的時候，身邊有沒有一個特別的人，總是在身邊陪伴你？我有！每當我心情不好的時候，我的貓咪好像都知道，牠會依偎在我身上，發出呼嚕呼嚕的叫聲，告訴我牠愛我、在意我的感受。牠的關懷和理解總是能夠幫助我！牠就是這麼棒的貓咪！

你會做些什麼來表達對別人的關心呢？

35

感恩

　　你曾經對別人心存感激而不停的說「謝謝」嗎？我在四歲生日時收到一輛全新的腳踏車，那份興奮和雀躍的心情，直到現在都無法忘記。我撲進爸媽的懷裡，告訴他們我有多麼珍惜這份禮物！心存感激並**表達對他人和事物的讚賞**是一件美好的事。

你在什麼時候表達過感恩的心情呢？

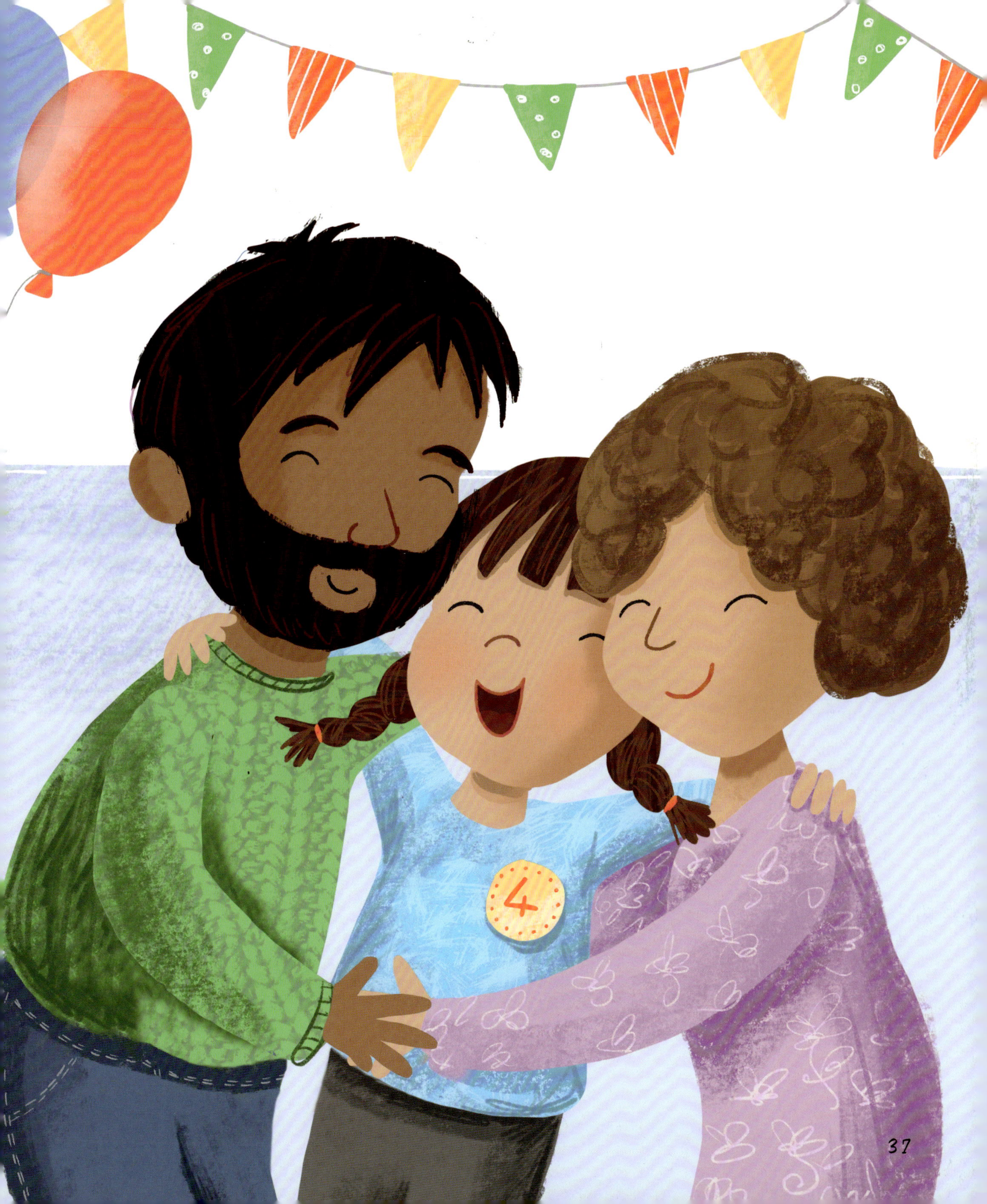
4

快樂

　　炎炎夏日，沒有比吃冰淇淋更舒暢的事了。為什麼這一團冰冰涼涼的點心，會讓我這樣的小孩感到如此快樂和幸福呢？**在夏天吃冰淇淋，有如直上雲霄！**我想我一定也是爸媽的冰淇淋，因為他們常常說我是他們的開心果呢！

什麼東西讓你感到快樂呢？

39

努力

　　有沒有什麼事情，是你必須努力去做的呢？對我來說，就是數學了！數學是我必須努力學習的事情。每天晚上，媽媽會陪我用卡片複習算式。**有時候我想放棄**，但媽媽一直告訴我，只要不斷練習，數學就會變得簡單。媽媽說得對！我的努力終於有了回報，我在數學考試得到了100分！

有什麼事情是你會努力去做的呢？

10 × 3

2 × 7

10 ÷ 5

8 ÷ 2

2 × 10

誠實

　　有時候說實話是很困難的，尤其是發現自己犯錯的時候。就像有一次我沒有問過姊姊就借了她的褲子，結果不小心把它劃破了。

我向姊姊坦白發生了什麼事。姊姊雖然不高興我弄破了她的褲子,但她為我的誠實感到驕傲。

你知道嗎?只要你誠實待人,別人也會願意信任你。

44

謙遜

當哥哥教我另一種綁鞋帶方法，而且他的方法更好時，我有點難以接受。但在我發現他的方法不僅比較簡單，而且鞋帶整天都沒有鬆脫後，我謙虛的向他道謝。如果你的朋友做得比你好，你會怎麼做？裝作不知道，還是謙虛的承認並且告訴他們事實，讓他們知道他們做得很好呢？

你從朋友身上學到了什麼東西呢？

溫柔

爺爺和藹可親，總是為他人著想！他常常陪伴我，尤其是我需要課業指導的時候。我永遠不會忘記我們合力建造鳥屋的時光，**爺爺甚至為了幫我而放棄看足球比賽**！現在我終於明白為什麼我們會叫他「溫柔的巨人」了，因為他不僅長得高大，而且溫柔又善良。

平常誰對你溫柔呢？

47

愛意

　　在你的生命中，有人讓你從心裡感到溫暖嗎？我剛出生的弟弟才來到這世上幾天，但我感覺好像已經認識他很久了。我喜歡抱著他，聽他牙牙學語。當他的小手抓住我的手指時，我忍不住會心一笑。這個才出生幾天的小傢伙，怎麼會這麼可愛，讓我打從心裡著迷？

誰讓你的內心充滿愛呢？

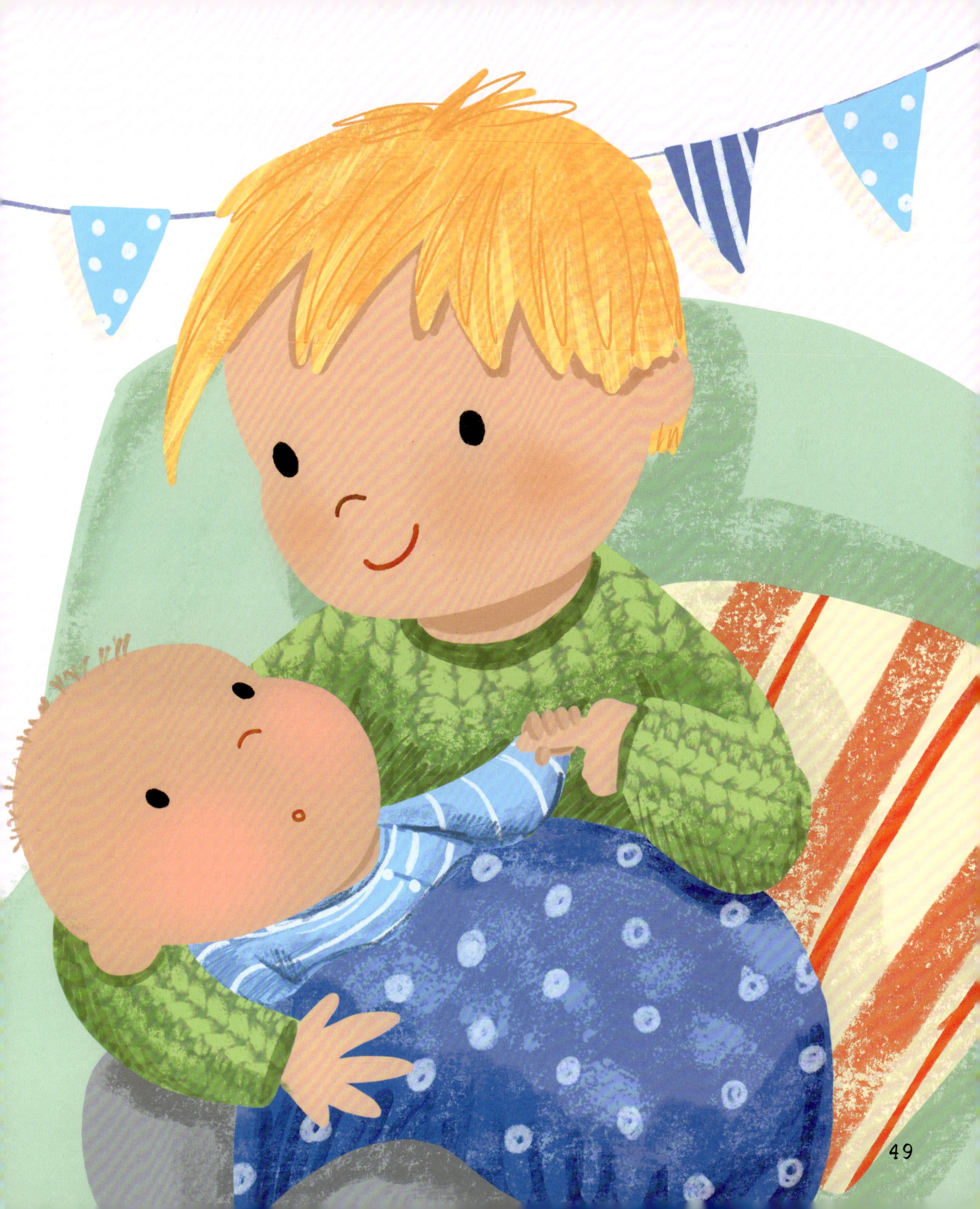

適度

你知道嗎？如果吃太多紅蕃薯，你的皮膚會變成橘色。還有，如果你一次做太多仰臥起坐，你猜會怎麼樣？沒錯，你會肌肉痠痛！

所以就算我們做對自己有益的事情，也切記不可以做過頭！只要做得剛剛好，讓它對我們有益就夠了。有益的事做過頭反而不好！適度是很重要的！

什麼事情你會適度的做呢？

動機

　　每個人都有他想做或擅長做的事。我的目標就是努力成為最優秀的體操運動員！每週練習體操時，我都非常興奮。我拚命練習，因為渴望有一天能夠參加奧運會。光是想像脖子上掛著金牌，就能推動我持續努力！

什麼是你努力的動力呢？

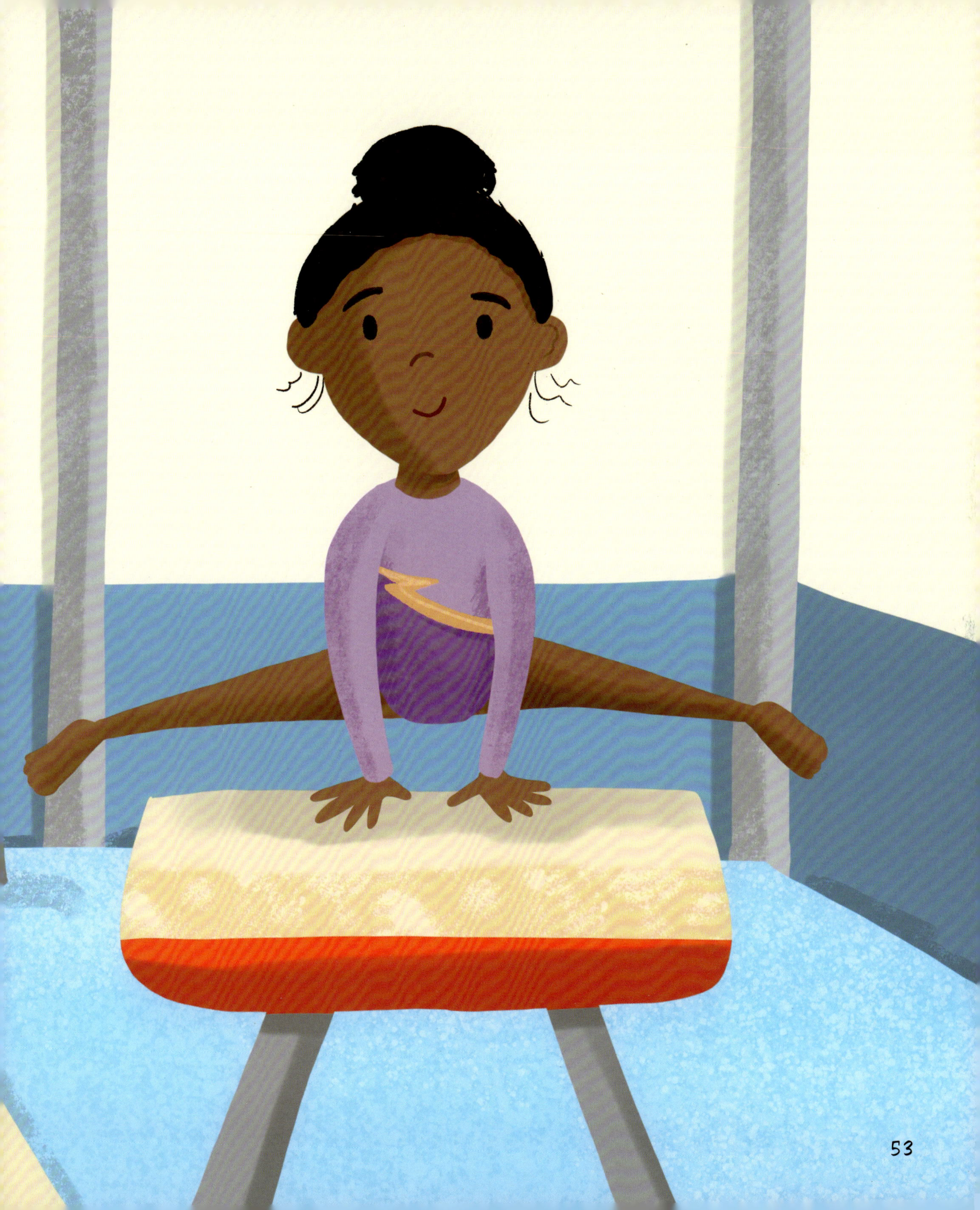

54

敞開心胸

你知道嗎？每個人對事情都會有自己的想法和意見，就算我們不能完全同意別人的看法，也應該**要嘗試聆聽和理解別人的意見**。這或許就像敞開心胸嘗試一些新事物那麼簡單，例如在吐司上塗抹巧克力糖漿。雖然你不知道結果會怎樣，但說不定你會喜歡喔！

你願意嘗試新事物嗎？

樂觀

　　我的老師馬菲斯是個樂觀的人，認為我們全班都會通過拼字測驗。她在測驗時為我們打氣，說我們一定會成功，因為她知道我們都很用功練習。你猜怎麼樣？抱持著我們會考好的**正面想法**確實有用。我們全部都通過考試了！讚啦！

你對未來的事物
感到樂觀嗎？

57

組織力

你知道嗎？如果做事沒有條理的話，要組成一個合唱團可不是那麼容易的事。身為合唱團的指揮，我有責任確保每位團員站在舞台上的正確位置。首先，決定好每個人應該站在哪裡，然後排練出場的順序，這樣一來，出場的時候就不會跟其他團員撞在一起。你曾經規劃過特別的活動嗎？

你做了什麼來確保它順利進行呢？

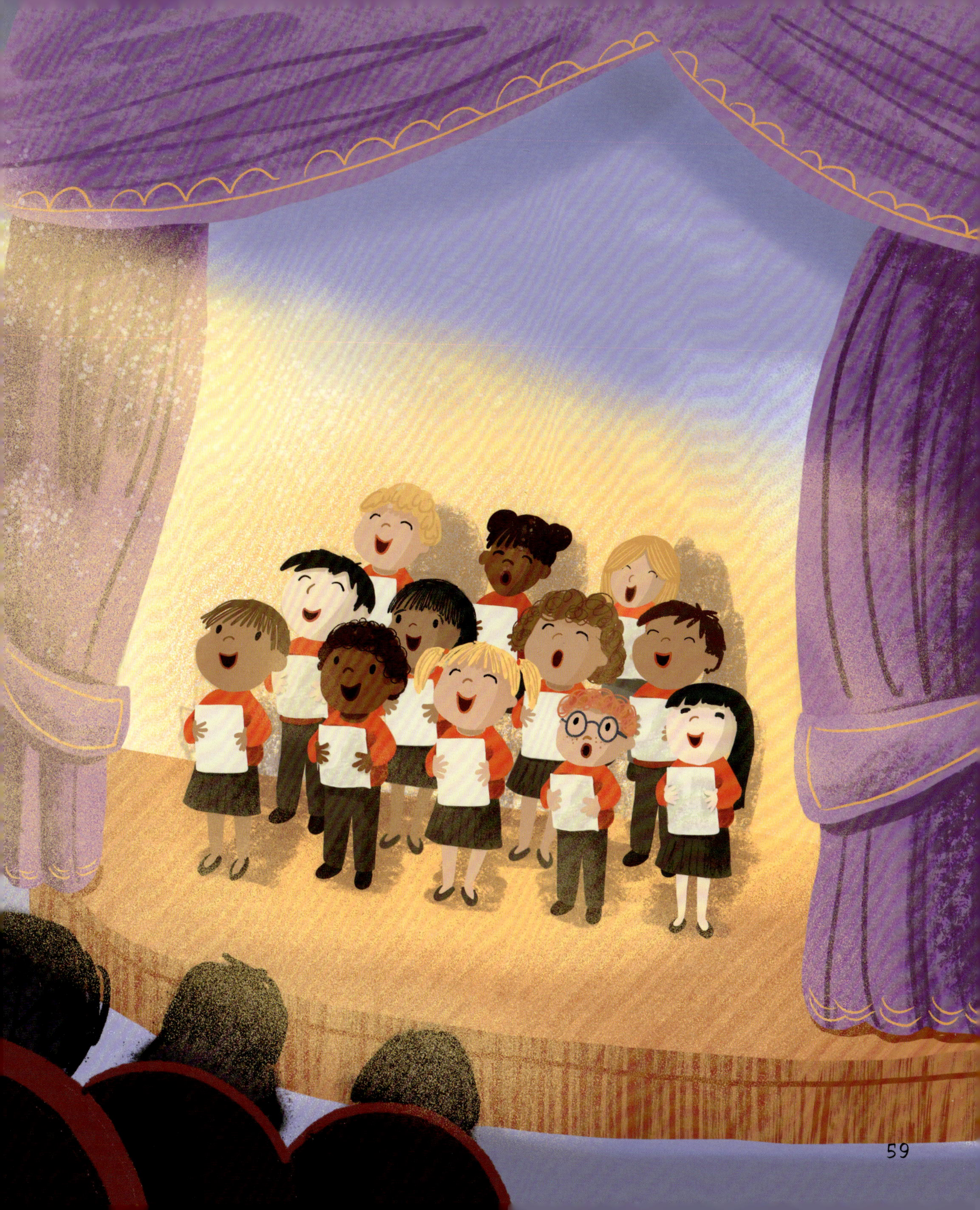

熱情

熱情指的是對自己重要的人和事——例如家人——抱著強烈的、正面的感受。在我家，我和爸媽、兩個妹妹都會把握相聚的時光。

每個星期五晚上都是我們的家庭之夜。不管發生什麼事，我們都會聚在一起玩遊戲、做披薩，或是看電影。家庭是最重要的！

什麼事情會讓你滿懷熱情呢？

耐心

當我急著想學習新事物時，有時候會抓狂。我還記得學呼拉圈時，不管嘗試多少次，呼拉圈總是掉到地上，讓我想要放棄。後來**我放慢速度，深呼吸**，想出了一個能讓呼拉圈持續轉動的更好方法。我做到了！因為我有耐心，沒有讓情緒失控。我瞭解到，人在急著做某件事情時，越是不容易保持耐心。

你上一次展現耐心是什麼時候呢？

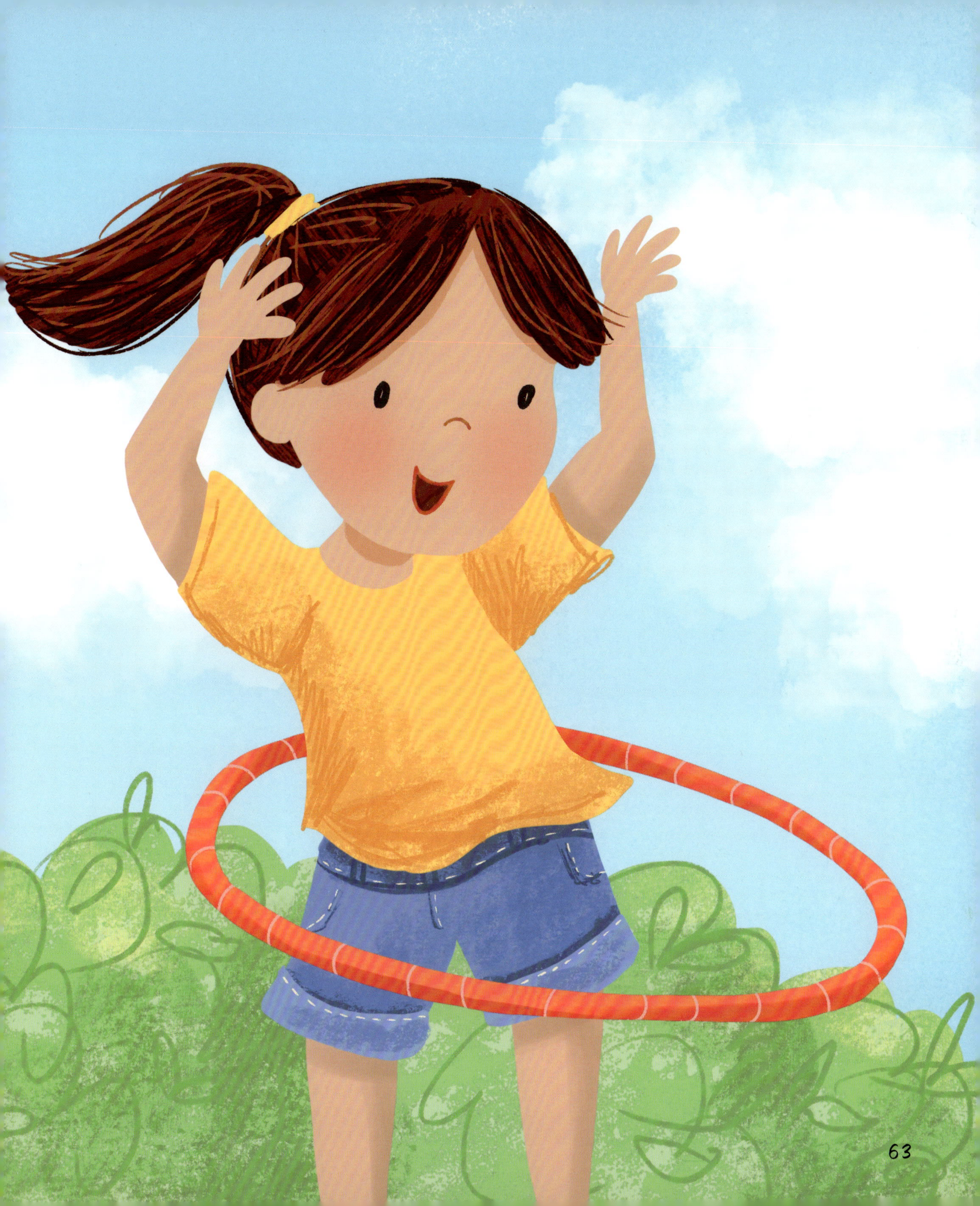

恬靜

看著小狗們依偎在媽媽身上熟睡的樣子，總是讓我會心一笑。牠們看起來像小天使，無憂無慮安靜的休息。當牠們在夢中追著球、在草叢中嬉戲的時候，**我享受著這份寧靜**。我知道，當牠們全部醒來後，那個安靜、祥和的狗窩就會跟著熱鬧起來。

現在，我只能說，
哇～好安靜啊！

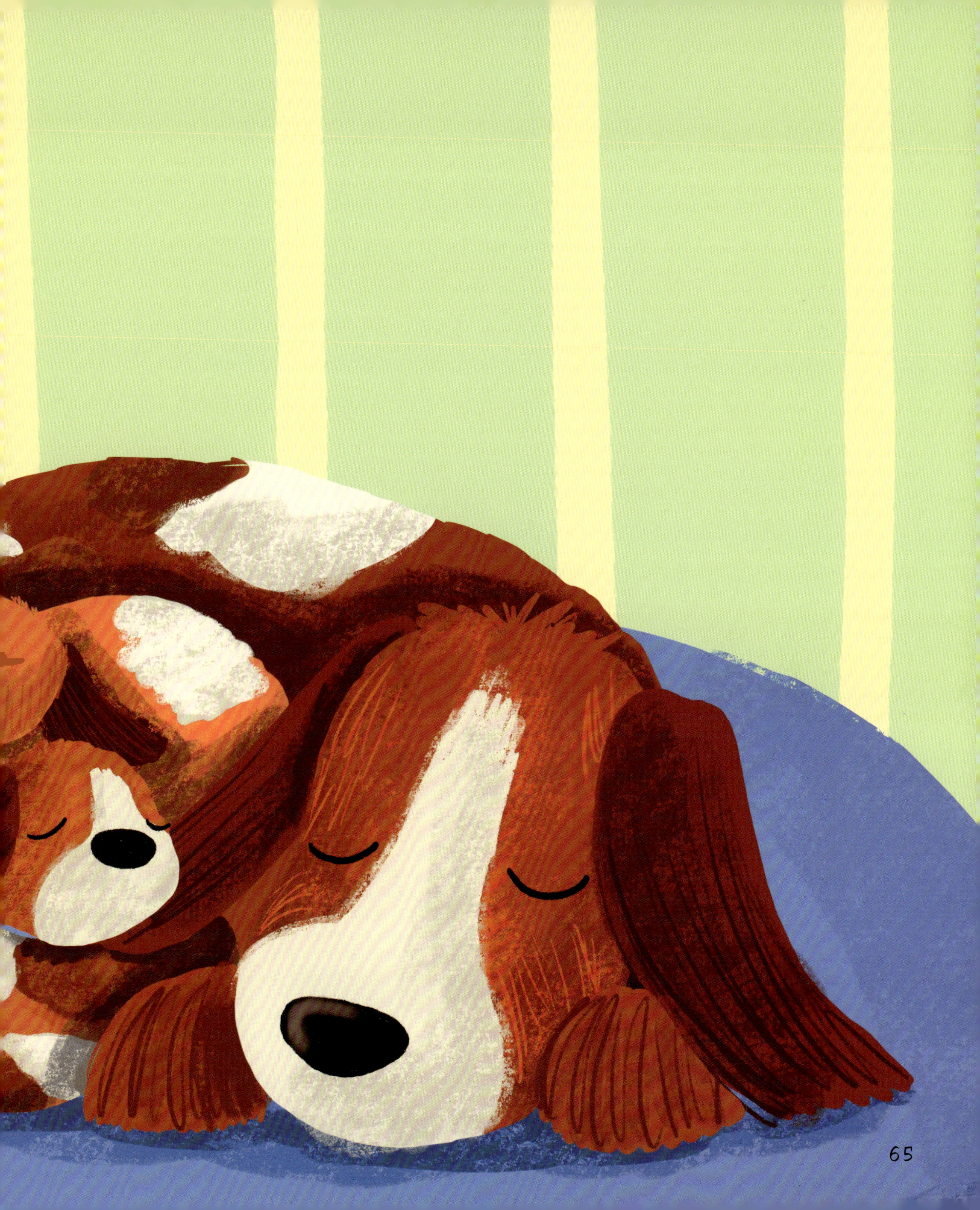

恆心

你知道嗎？拼拼圖有時並不容易。有些拼圖有點難，會讓你很想放棄。不過對我來說，越難的拼圖，我會越有恆心，**因為我下定決心要把它完成**。每一次打開新的拼圖，我都會非常專注，甚至可以坐好幾個小時直到把拼圖拼完。我的恆心幫助我完成許多幅拼圖！

你試過堅持不懈完成事情嗎？

67

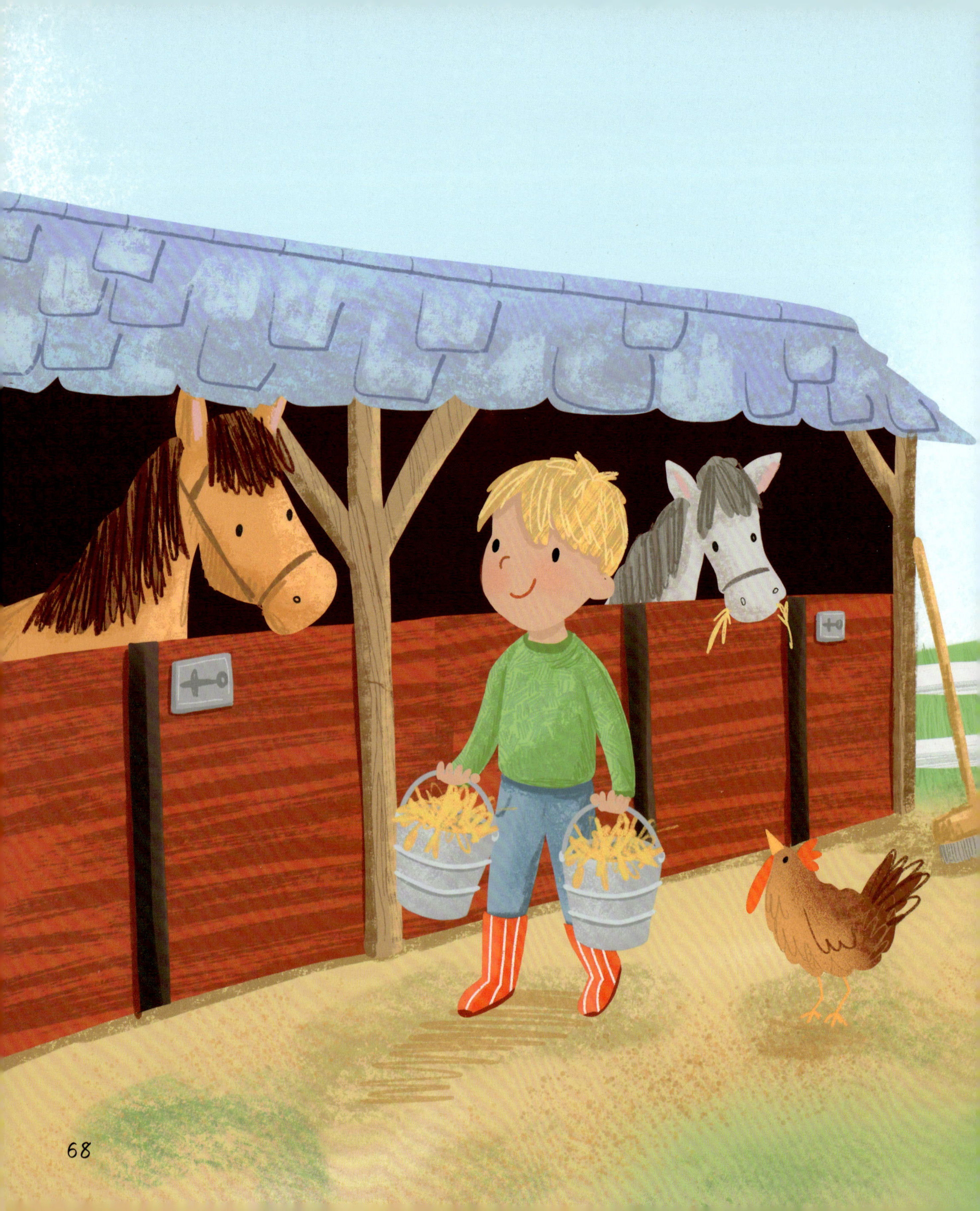

尊敬

在你生活中是否有令你尊敬的人？每次當我想起哥哥為腳受傷的爸爸分擔工作，**就讓我心生敬佩**。哥哥不僅獨力打掃庭院，還會看顧所有動物，就像爸爸平常會做的那樣。把所有家事做完是很重要的任務，哥哥承擔起了這個責任！

我真的很尊敬我的哥哥！

70

責任

　　有責任心是很重要的，尤其是當你被指定負責完成某件事的時候。每週老師都會指派一些工作給我們。我最喜歡的工作是當「清理偵探」，我甚至可以戴上偵探帽！身為一個偵探，我的責任是檢查教室，確保每件東西都放在正確的位置。**老師相信我可以勝任**這個維護教室整潔的工作。

你負責什麼工作呢？

滿足

有什麼事情，你在做的時候覺得自豪；當完成的時候，**你會鬆一口氣，會心一笑？** 我有！我在學校做過一座會噴發的火山，當輪到我展示火山時，它真的如我所設計那樣噴發出來，我十分滿意！我做到了！我對努力的成果感到滿意！

我甚至在心裡為自己拍拍手，為自己做得好而感到驕傲呢！

73

體貼

當一個人很細心又會關懷他人，就表示他很體貼。前幾天，我和姊姊薩莉亞在公園騎腳踏車時，我撞到人行道上的凸起處，整個人摔了出去。還沒等我反應過來，薩莉亞已經來到我身旁把我扶起來了。

看到我膝蓋擦傷了,她用OK繃小心翼翼的貼在傷口上。

我被薩莉亞的體貼感動了。

寧靜

平靜和放鬆是一種安詳的感覺。每當我和家人去露營時，我們總是喜歡在萬籟俱寂的夜晚升起營火。仰望星空，會讓我有一種寧靜和親密的感覺。

你喜歡去的地方裡，有沒有一個地方讓你覺得寧靜，並有種「哇，好寧靜啊」的感覺呢？

77

分享

　　有時候，分享是很難的，尤其是當你很想獨自擁有的時候。就像昨天晚上，我真的很想吃掉最後一塊披薩，可是因為爸爸也想要吃，最後我們決定把它切成兩半。因為爸爸切了披薩，所以我可以先挑選。我想，能有一半的披薩總比什麼都沒有來得好吧！分享就是關懷嘛！

當你和別人分享東西時，
會帶給你什麼樣的感受呢？

79

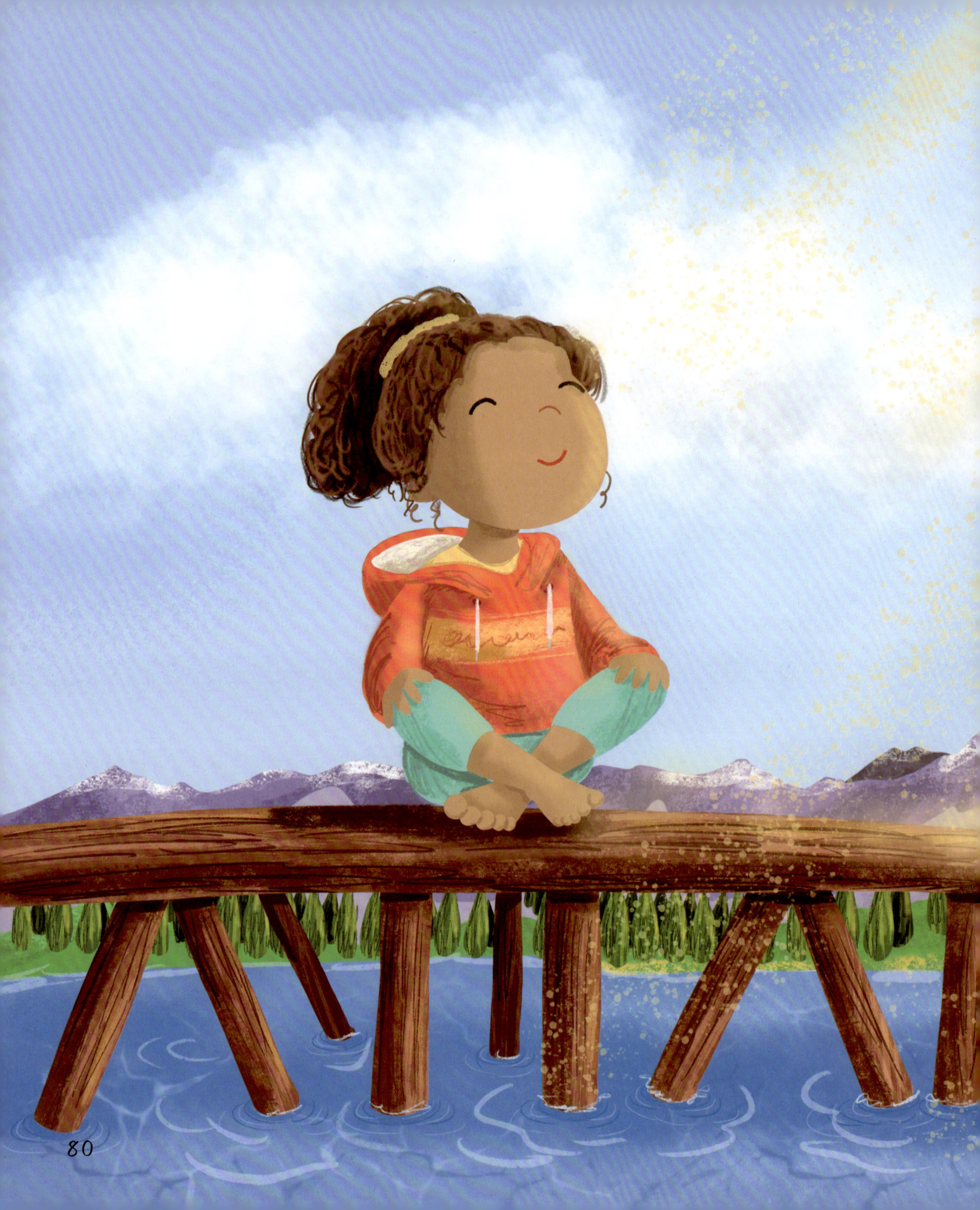

安靜

你有沒有注意到,當風停止吹動,鳥兒也停止唱歌時,四周會變得非常安靜?有時,就像風和鳥兒一樣,我們也需要靜止下來,不要發出一絲聲響,靜靜聆聽。無論是在學校還是玩捉迷藏,保持安靜都是很重要的。

你還能想到其他靜悄悄的地方嗎?噓~!

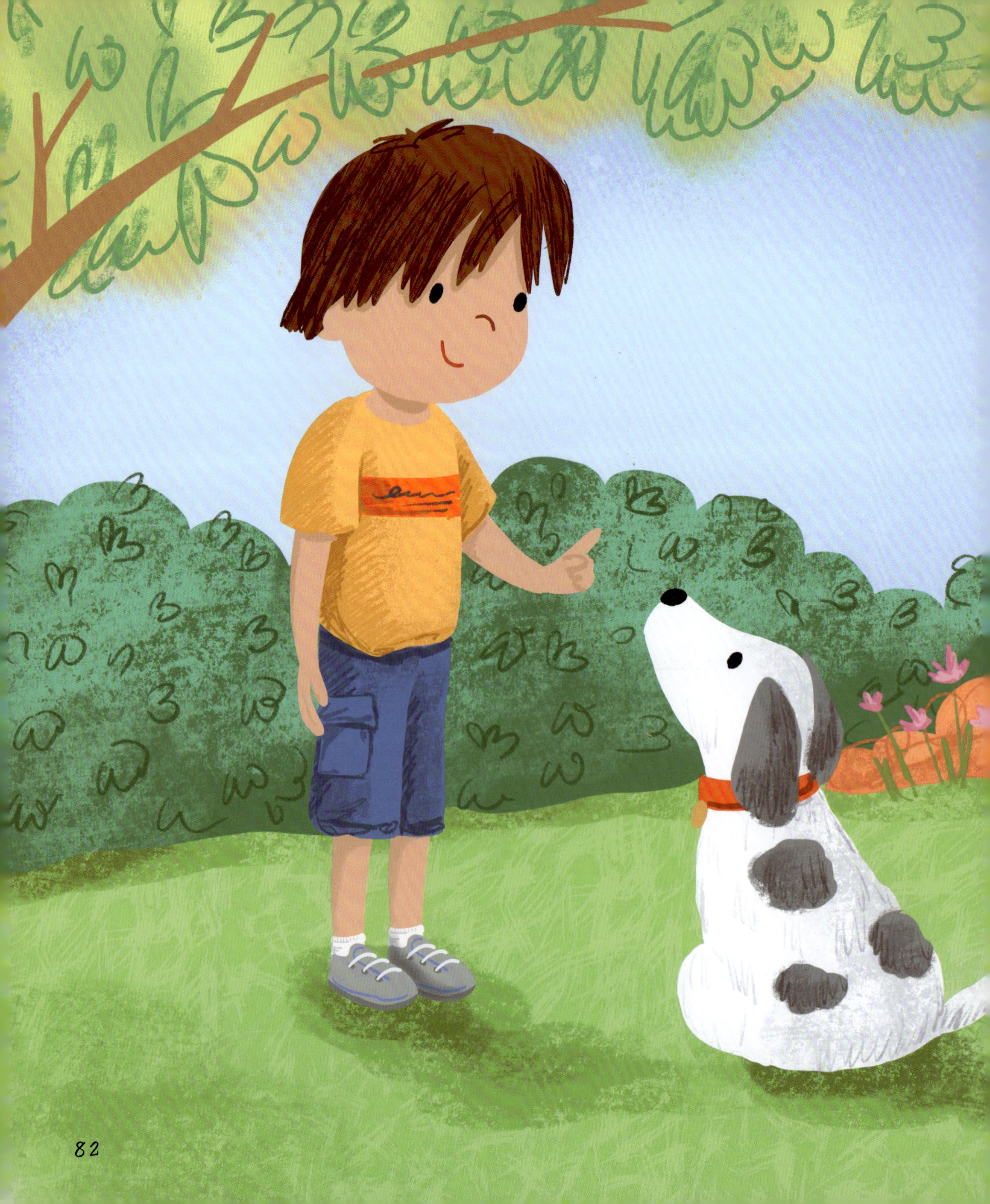

簡單

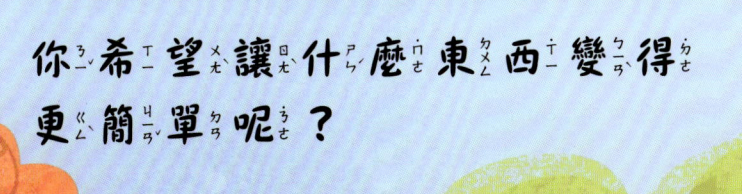

　　我的小狗名字叫做魯夫,但我們喜歡叫牠「超簡單」!魯夫喜歡每件事情都像牠的名字那樣——簡單。所以每次我要魯夫做些什麼事的話,例如坐下或者轉圈,都必須給牠簡短的指示。如果指令太複雜或太長,牠就會做出完全不同的動作,比如說翻滾。有時讓事情保持簡單,對每個人來說都會輕鬆許多!

你希望讓什麼東西變得更簡單呢?

84

值得信賴

　　你有許下承諾的經驗嗎？我有喔！但你知道嗎？一旦許下承諾，就必須實現它。我答應妹妹等我寫完作業後會帶她去公園。因為我說到做到，我帶她去了公園，就像我說的一樣。我們不僅玩得很開心，妹妹也學到她可以信任我，知道我是個值得信賴的人。

你能想到一個自己值得信賴的時刻嗎？

永續性

我們可以做些什麼讓地球保持健康？好主意！**我們可以回收再利用！** 你知道嗎？舊輪胎可以切成小塊，鋪在遊樂場保護我們跌倒不會受傷；還有，寶特瓶可以做成毛衣、睡袋，甚至是地毯，你看有多酷！

你還能想到哪些可以持續保護地球的方法嗎？

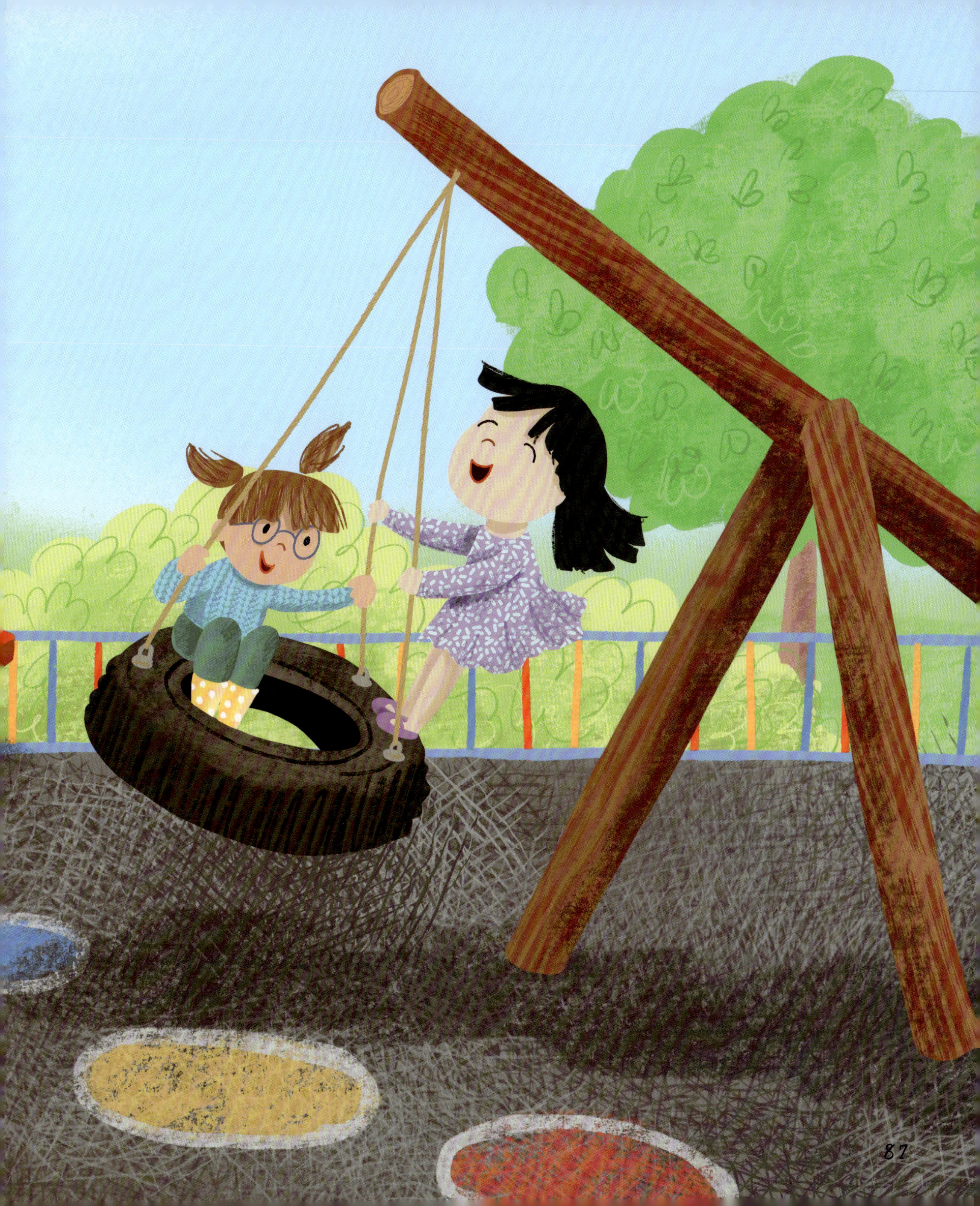

88

團隊合作

　　我們全家喜歡一起做事，合力完成繁重的工作，比方說一起粉刷我的房間。即使我們負責不同工作，**我們每個人也會盡自己所能去幫助彼此**。當爸爸在刷天花板的時候，我幫他扶著梯子，媽媽則幫忙攪拌油漆。身為油漆小隊的成員實在太棒了！我超喜歡我的工作帽和工作褲呢！

身為團隊成員的你，
還可以做哪些事情呢？

感謝

　　我很感激我擁有一個充滿愛的家庭。感謝爸爸、媽媽為我所做的每件事。我真的很喜歡我們一起玩遊戲或是散步的時光。說「謝謝」是我向他們表達他們對我有多麼重要、並讓我感到快樂的一種方式。我真的很幸運！

你最感謝的是什麼？

91

包容

　　有時候，我們必須忍耐一些事情，比方說當我的弟弟哭不停的時候。我知道他還小，還不會說話，所以當他哭的時候，我不應該對他生氣。我必須要有包容心和耐心，接受**他哭並不是故意要打擾我**，而是因為他只是個嬰兒。

你有過需要展現包容的時候嗎？

93

內在力，
　　內在力，
　　　　內在力！

你知道嗎？每個人都有自己的價值觀。有些價值觀對某些人來說，可能比對其他人更重要。無論你覺得哪些價值觀很重要，都是獨一無二的、專屬於你的內在力！

你的內在力是什麼呢？

孩子最棒的內在力：擁有 45 個正向好品格

作　　者：珍妮佛・莫爾・瑪麗諾斯(Jennifer Moore-Mallinos)
譯　　者：鄭祖威
企劃編輯：許婉婷
文字編輯：王雅雯
設計裝幀：張寶莉
發 行 人：廖文良

發 行 所：碁峰資訊股份有限公司
地　　址：台北市南港區三重路 66 號 7 樓之 6
電　　話：(02)2788-2408
傳　　真：(02)8192-4433
網　　站：www.gotop.com.tw
書　　號：ACK013700
版　　次：2024 年 09 月初版
建議售價：NT$380

國家圖書館出版品預行編目資料

孩子最棒的內在力：擁有 45 個正向好品格 / 珍妮佛・莫爾・瑪麗諾斯(Jennifer Moore-Mallinos)原著；鄭祖威譯. -- 初版. -- 臺北市：碁峰資訊, 2024.09
　　面；　公分
國語注音
譯自：A whole bunch of values.
ISBN 978-626-324-876-2(精裝)

1.CST：品格　2.CST：德育　3.CST：育兒　4.CST：繪本
5.SHTB：心理成長--3-6 歲幼兒讀物
428.89　　　　　　　　　　　　　　113011028

商標聲明：本書所引用之國內外公司各商標、商品名稱、網站畫面，其權利分屬合法註冊公司所有，絕無侵權之意，特此聲明。

版權聲明：本著作物內容僅授權合法持有本書之讀者學習所用，非經本書作者或碁峰資訊股份有限公司正式授權，不得以任何形式複製、抄襲、轉載或透過網路散佈其內容。
版權所有・翻印必究

本書是根據寫作當時的資料撰寫而成，日後若因資料更新導致與書籍內容有所差異，敬請見諒。若是軟、硬體問題，請您直接與軟、硬體廠商聯絡。